LA PRODUCTION

# DES CHEVAUX DE CAVALERIE

# LA PRODUCTION

DES

# CHEVAUX DE CAVALERIE

PAR

## M. ABADIE

(Extrait du *Moniteur de l'Elevage*, nos 1, 2 et 3.)

Ⓒ

NANTES,

Mme Ve C. MELLINET, IMPRIMEUR,
place du Pilori, 5.

1873

La discussion dont ont été l'objet à l'Assemblée nationale, en 1873, les budgets de la guerre et de l'agriculture, nous a valu plusieurs discours et des déclarations importantes sur la question hippique, qui préoccupe à si juste titre tant d'esprits sérieux. Ces discours et ces déclarations officielles ont démontré la nécessité de la conservation de l'Administration des haras ; l'importance qu'il y a, surtout au point de vue de l'armée, à produire des chevaux forts et énergiques, souples et rapides, rustiques en même temps. Sur ces points aucune controverse ne s'est produite, car c'est à peine si, sur quelques bancs, s'est manifesté un assentiment assez timide, aux réserves qu'a hasardées l'honorable M. Léonce de Lavergne, sur l'utilité des haras, réserves que, du reste, il s'est empressé de déclarer ne pas partager lui-même, puisqu'il avait voté le budget tout entier affecté à cette administration. Mais pourquoi a-t-il reproduit encore à cette occasion cet argument cent fois répété : « Nous n'avons pas eu besoin » d'avoir des haras pour produire la meilleure race de trait du » monde ; elle a été produite directement par les éleveurs, sans » l'intervention de l'Etat, parce qu'on a payé les chevaux ce » qu'ils valaient. » Il y a quelque témérité de ma part à commenter les arguments d'une si haute autorité ; mais mon dévouement à la vérité m'oblige à déclarer ici que le cheval de trait est entre les mains de son producteur un instrument de travail qui le dédommage de la plus grande partie de ses dépenses ; que cet instrument lui est indispensable au même titre que le pain qui nourrit sa famille ; et que là et rien que là est la raison de la prospérité de cette industrie agricole. La preuve que cette prospérité ne tient pas à ce que les produits, étant vendus ce qu'ils valent, procureraient un bénéfice important, c'est qu'en dehors des contrées où l'agriculture a besoin du cheval moteur de lourds fardeaux, aucun agriculteur n'a songé à essayer d'élever des chevaux de trait. En effet, voyez donc si dans le Midi, dans la Vendée, et dans mille autres endroits, on songe à produire le cheval breton, percheron ou boulonnais. Là de pareilles tentatives seraient suivies des plus grandes déceptions. Donc il est vrai, on ne saurait trop le répéter, que si la production des races de gros trait est si prospère, c'est à l'emploi des poulinières et des produits, même avant l'âge de deux ans, pour le labourage du sol qu'il faut l'attribuer. En vérité, il semble qu'il serait temps de ne plus opposer à l'administration des haras sans cesse les mêmes arguments quoiqu'ils aient été mille fois combattus avec succès, et de lui prêter enfin un appui efficace, pour rechercher les moyens de doter le pays des chevaux qui lui manquent, au lieu de l'obliger, chaque jour, à dépenser ses forces et son temps à repousser des critiques qu'elle ne mérite pas.

Bien que l'industrie et le luxe soient pour le cheval amélioré, tel que l'exige la guerre de notre temps, des consommateurs plus importants que l'armée, il n'y aurait pas lieu de recourir aux dépenses considérables qu'exige la protection de cette production, si l'intérêt national, la défense de notre patrie mutilée ne nous faisaient un devoir de nous procurer, d'une manière assurée, l'un des éléments les plus importants de notre force militaire. C'est à l'application des préceptes incontestés de la science que les éleveurs devront recourir pour produire le plus avantageusement les animaux qui leur sont demandés. Ceux qui conduisent aujourd'hui sur le marché des sujets réussis, trouvent assez facilement à les écouler à des prix probablement rémunérateurs, puisque l'élevage ne périclite pas et que jamais il n'avait atteint la hauteur où il est placé. A cet égard, la remonte, cependant, a une influence considérable sur la valeur des chevaux d'armes, concurremment recherchés par l'industrie et le luxe. Evidemment les prix offerts par les agents de cette administration sont du plus grand poids pour établir le niveau entre les divers marchés. Il serait donc fort désirable que ces prix pussent être élevés dans une certaine proportion. Mais le reproche le plus grave qui doive leur être adressé, c'est de ne pas suffisamment établir une juste différence entre l'animal réussi et celui qui n'a que les qualités requises pour être admis dans les rangs. M. de Lavergne a conseillé au Ministre, comme le meilleur moyen de multiplier les chevaux d'armes, de les payer le prix qu'ils valent. La valeur d'une chose s'établit par la libre discussion entre l'offre et la demande ; tant que ces deux facteurs restent d'accord, c'est qu'ils y trouvent une mutuelle satisfaction et tout est pour le mieux. Mais il faut bien se donner de garde de faire pencher la balance plutôt d'un côté que de l'autre, en faussant la résultante d'une libre entente entre les parties. Car, dans l'espèce, si la remonte élevait ses prix dans une proportion importante, l'industrie et le luxe seraient obligés de la suivre; il arriverait naturellement que l'offre des produits étrangers affluerait sur notre marché au grand préjudice de l'augmentation de notre propre production, laquelle nous est si indispensable. Qu'on se souvienne que nous apportons chaque année à l'étranger des sommes énormes pour nous y procurer des chevaux qui ont une grande analogie avec ceux dont l'armée a besoin. Or, ou je me trompe fort, ou ce serait offrir une prime à l'importation des chevaux étrangers, que de proposer à nos éleveurs des prix assez élevés, sous prétexte d'amener dans un avenir qui nous presse la multiplication des sujets réussis en nombre suffisant pour nos besoins. Si la valeur d'une chose est la résultante d'un accord entre le producteur et le consommateur, cela veut dire que, quand cette entente n'est pas contrariée, les bénéfices de tous les offrants se nivellent à peu près. Celui qui n'y trouverait plus son compte, soit parce que ses procédés de fabrication seraient incomplets, ou parce qu'il serait placé dans de mauvaises conditions économiques, se verrait dans l'obligation de se retirer. Eh bien! sommes-nous en état de lutter avec nos voisins pour la production en masse de l'ordre de chevaux comme il nous les faut ? Je voudrais pouvoir répondre par l'affirmative ; mais, hélas! ce serait mentir à ma conscience. On dit et on répète à grands sons de trompette

que les plus beaux types de nos familles améliorées nous sont
enlevés par les étrangers à des prix exorbitants. Cela est vrai
et je m'en réjouis ; mais cela prouve-t-il que nous soyons aussi
riches qu'eux en chevaux usuels ? Pas le moins du monde. Cela
démontre du moins à quel degré de perfection nos plus célèbres
éleveurs ont su porter leurs produits ; et cela nous promet des
succès égaux pour la production du cheval usuel, quand on aura
pu faire pénétrer dans la plus humble chaumière les principes
qui les ont conduits à de si beaux résultats. Ceci est d'intérêt
national, et les règles de l'école des économistes n'ont rien à y
voir. Si le perfectionnement des procédés de fabrication ne nous
permet pas de lutter un jour contre la production étrangère, ce
sera tant pis pour notre budget. Mais afin d'alléger ces charges,
qui déjà sont, hélas ! trop lourdes, tous les hommes de bonne
volonté doivent échanger leurs idées pour que de leur choc
puisse jaillir la plus vive lumière ; car il s'agit non pas de payer
à l'éleveur son cheval ce qu'il vaut ou ce qu'il lui coûte, mais de
le mettre à même, à l'aide d'encouragements et d'instructions
efficaces, de produire en concurrence avec l'étranger dans la
mesure de nos besoins nationaux. Sous ce rapport, il nous reste
beaucoup à faire, et c'est pour cela que je propose mes vues,
afin de les soumettre à la critique de tous les hommes de bonne
volonté.

Nantes, le 9 décembre 1872.

# LA PRODUCTION

# DES CHEVAUX DE CAVALERIE

## I.

Quand une nation comme la France est obligée, par la position qu'elle occupe dans le monde, de s'assurer la possession des moyens qui lui sont indispensables pour arriver au but que son propre salut lui impose, elle ne doit point marchander le prix de ses sacrifices, mais seulement les subordonner aux règles du calcul, déterminées par la saine raison.

Personne ne conteste qu'en ce moment plus qu'en tout autre, il ne soit nécessaire de porter aussi haute que possible la force de notre armée. Tout le monde est d'accord aussi sur la nécessité qu'il y a à créer chez nous-même les ressources suffisantes pour sa complète organisation, non-seulement en temps de paix, mais surtout pour l'éventualité de la guerre.

On sait aussi quel rôle joue le cheval dans le choc des nations entre elles : c'est parce que ce rôle est immense, que partout on se préoccupe de le produire en rapport, quant au nombre et aux aptitudes, avec les besoins nationaux.

Le cheval d'armes doit réunir des qualités spéciales, également recherchées pour les usages de beaucoup de services civils, confondus dans cette désignation générale de luxe ou de demi-luxe.

Dans ma pensée, le service de l'armée et celui du luxe ou du demi-luxe ne doivent jamais être séparés : à quelques exceptions près, en produisant pour l'un, on produit également pour l'autre, les aptitudes réclamées par les deux ne comportant pas des différences tranchées. En outre, si, en temps de paix, l'un est une concurrence pour l'autre, circonstance très-favorable pour tenir l'élevage en haleine, n'est-il pas vrai qu'au moment de la guerre la remonte fait au luxe des emprunts considérables que celui-ci lui redemandera quand la lutte aura cessé ?

Du reste, ce serait une pure chimère de supposer que la production pourrait tenir en réserve, pendant la paix, les chevaux nécessaires pour le cas de guerre, afin de les mettre alors à la disposition de l'État.

Au contraire, produire largement pour satisfaire tous les besoins, sans que ceux-ci aient, en quelque cas que ce soit, à recourir à l'étranger, voilà où nous devons tendre ; voilà aussi comment nous assurerons notre indépendance et l'un des principaux éléments de notre force. A cet égard il est indiscutable que lorsque nous pourrons nous passer de l'étranger pour alimenter tous les services pendant la paix, nous aurons sous la main, au moment de la guerre, de quoi parer à toutes les nécessités.

Ainsi donc, notre plus grande préoccupation, à mon sens du moins, doit consister à bien préciser nos besoins, à bien mesurer la distance qui les sépare de nos ressources, afin de démontrer la nécessité d'élever ces dernières à la hauteur de tous les services.

Dans les dernières années qui précédèrent la guerre, la remonte de l'armée et la gendarmerie ont acheté annuellement environ 10,000 chevaux pour le service de selle des différentes armes.

En admettant, ce que je crois une exagération, que les divers services du luxe trouvent à acheter en France une égale quantité de chevaux du même genre, on arriverait, de ce chef, à une consommation annuelle de 20,000 chevaux.

Mais, en outre, il se fait chaque année, ainsi que nous le verrons plus loin, une importation de chevaux de luxe étrangers, qui, depuis une douzaine d'années, doit être évaluée à 10,000.

Il en résulterait que nos besoins annuels devraient être portés à environ 30,000 têtes de chevaux parvenus à 4 ans.

En fixant leur durée moyenne à sept ans pour l'armée et à dix ans pour le luxe, on arriverait au chiffre de 270,000 existences de chevaux de 4 ans et au-dessus, en service pour les besoins, savoir :

70,000 pour l'armée et la gendarmerie.

Et 200,000 pour le luxe et le demi-luxe.

Mathieu de Dombasle et le général de Girardin avaient évalué, avant 1840, à 80 ou 100,000 les chevaux de luxe en service, sans y comprendre ceux de l'armée.

Il est certain que ce chiffre a de beaucoup augmenté depuis trente ans ; il n'est pas impossible qu'il n'ait été doublé.

La France possède :

| | |
|---|---|
| Étalons...................... | 12.000 |
| Poulinières.................. | 600.000 |
| Poulains de 1 à 3 ans......... | 900.000 |
| Adultes de 4 ans et au-dessus. | 1.488.000 |
| Ensemble............ | 3.000.000 de sujets. |

Or comme, d'après les calculs ci-dessus, on ne parviendrait à extraire annuellement que 20,000 produits de 4 ans des 300,000 qui alimentent la masse totale, il en résulte que 280,000 devraient être attribués aux races de trait ou à ces races sans nom, dont le défaut de taille et la mauvaise conformation les éloigneront encore pendant longtemps des services de l'armée. En d'autres termes, un cheval seulement sur quinze produits en France, appartiendrait à la catégorie des chevaux de luxe ou d'armes pour la selle.

La France, autrefois composée de 37,000 communes, en compte encore plus de 35,500. Serait-ce donc trop que chacune d'elles pût fournir un cheval de luxe ou d'armes pour la selle par année ? Cela suffirait cependant pour combler tous nos besoins.

Voilà notre situation, quoiqu'en puissent penser et dire certains intrépides défenseurs du budget, dont l'éloquence s'épuise trop souvent à faire miroiter aux yeux de leurs auditeurs le chiffre énorme de 300,000 produits annuels, rapproché de la proportion relativement minime réclamée par nos besoins urgents. Leur raisonnement, bourré de saillies spirituelles, entraîne souvent les majorités séduites par une imagination qui se complaît dans la chimère des hypothèses, au lieu de s'enfermer dans le cercle des vérités qu'elle aurait dû méditer après les avoir étudiées.

Le chiffre approximatif de 70,000 chevaux en service pour la cavalerie et la gendarmerie, et leur renouvellement par septième, sont des points indiscutables sur lesquels l'accord est complet.

Le nombre de 10,000 sujets de luxe provenant de l'étranger peut être discuté, parce que, dans les bureaux des douanes, on ne spécifie pas la nature des animaux qui y sont présentés à l'entrée : de 1837 à 1849, la moyenne des introductions annuelles a été de 22,638 ; mais de 1860 à 1869, moins 1868 que je n'ai pu me procurer, cette moyenne n'est plus que de 14,507. Les années 1870 et 1871, qu'à cause de la guerre, je n'ai pas voulu faire entrer dans mon calcul, ont introduit en France, savoir :

$$
\begin{array}{lll}
1870 & 18.610 & \text{chevaux} \\
1871 & 30.314 & — \\
\text{Et les 11 premiers mois de 1872} \quad 12.990 & — \\
\end{array}
$$

Ainsi qu'on le voit, en comparant les importations d'avant 1849 avec celles qui se sont opérées depuis 1860, on constate dans ces dernières une diminution annuelle d'environ 8,000 chevaux, preuve évidente des progrès immenses qui se sont opérés dans l'élevage des chevaux de luxe.

Mais les 14,507 chevaux introduits chaque année en France depuis 1860, ne peuvent pas tous être attribués à la catégorie des chevaux de luxe : en effet, beaucoup de provenance de la Suisse et de la Belgique doivent appartenir aux races de trait. Toutefois, en supposant que 10,000 au moins, à peine un peu plus des deux tiers, sont des sujets de luxe, je crois rester dans la vérité et ne pas m'exposer aux prises de la critique.

Quant aux 10,000 qui seraient achetés aux éleveurs sur tous les points de la France par le commerce ou directement par les consommateurs, j'ai la conviction que le nombre en est plutôt exagéré que réduit. Mais je serais très-heureux de voir ce point éclairci complètement, par des données précises qui me font défaut.

Ce que je reconnais avec bonheur, c'est que l'élevage français a fait de grands progrès depuis douze ans ; toutefois, l'insuffisance de ses ressources comparée à nos besoins est encore bien grande et dénote l'état très-précaire où elle était il y a une vingtaine d'années, car alors la consommation était bien moindre qu'aujourd'hui, et il s'importait 8,000 chevaux de plus.

Du reste, en évaluant à 200,000 les chevaux de luxe ou de demi-luxe en service pour la traction de nos voitures et ceux qui sont employés pour la selle, je suppose que depuis trente ans ces besoins ont doublé. J'avoue que je crains d'exagérer la vérité ; car, d'un autre côté, il ne faut pas le dissimuler, toutes les voitures qui roulent ne sont pas atelées de chevaux aptes à la cavalerie. En effet, combien parmi eux ne seraient que des artilleurs ? Combien encore sont de trop petite taille pour être admis même dans les rangs de la cavalerie légère ?

Il y a vingt ans le déficit des chevaux de luxe était au moins de 15,000, aujourd'hui il est réduit à environ 10,000, malgré l'augmentation de la consommation. Autrefois le déficit est resté longtemps stationnaire, bien qu'il y eût progrès dans l'élevage, parce que l'augmentation de la consommation lui était corrélative. Depuis quelques années, ce progrès de l'élevage dépasse celui de la consommation, et c'est là un signe très-favorable de l'amélioration dans notre situation.

Mais qu'adviendra-t-il quand les projets de l'élévation de l'effectif de notre cavalerie auront été réalisés ?... et que, d'un autre côté, le service de l'artillerie aura été modifié, comme cela a été annoncé, au point de réclamer désormais des chevaux analogues à ceux qui sont aptes à l'arme des dragons ?

Notre déficit s'augmentera dans des proportions qui doivent faire naître dans les esprits les plus sérieuses appréhensions.

Donc si on a cherché dans le passé à porter remède à l'état précaire où notre élevage se trouvait, il y aura à redoubler les efforts dans l'avenir, puisque les ressources étant insuffisantes pour les besoins actuels, ces besoins seront encore devenus plus grands.

Si la situation que je viens d'esquisser est vraie, et j'appelle, sous ce rapport, toute discussion propre à éclairer le sujet, il faut chercher les moyens de la changer dans le sens de nos intérêts, afin que des hommes qui ne se sont pas rendu compte des difficultés de l'élevage des chevaux, n'aient plus lieu d'être étonnés que sur 300,000 sujets il ne pût s'en rencontrer 30 ou 40,000 bien réussis.

En disséquant les détails de notre élevage, j'espère mettre à nu les vices qui s'opposent à sa prospérité. Ces vices connus, il sera plus facile d'indiquer, sinon d'appliquer, le remède capable de les détruire ou de les atténuer.

## II.

Afin de mieux faire ressortir les imperfections de quelques-uns des moyens de notre élevage, il me paraît indispensable de rappeler ici les principes sur lesquels tout le monde est d'accord, à savoir :

Que le produit tient à la fois du père, de la mère et des soins qui lui sont donnés par l'éleveur.

Dans le numéro du 16 janvier 1873, du *Moniteur de l'Elevage*, notre si éminent hippologue, M. Gayot, a posé le fait que je reproduis ici : « De l'accouplement de deux géniteurs, le produit qui en résulte tient moitié du père, moitié de la mère. » Mais il me paraît évident que cette proposition ne sera réalisée, à l'âge adulte du produit, qu'autant que son éducateur lui aura donné les soins indispensables, pour que les aptitudes transmises par les géniteurs aient pu acquérir tout leur développement.

Donc, pour avoir chance d'obtenir un produit réussi, il faut le concours simultané d'un bon étalon, d'une bonne poulinière et d'un bon éleveur.

Ce n'est point ici le lieu de déduire, par des raisons physiologiques, la part qu'a, dans la valeur de l'élève, chacun de ces trois éléments ; mais s'il s'est trouvé des hommes pour proclamer tour à tour la supériorité d'influence des uns sur les autres, il faut croire que cette fantaisie a été engendrée par le besoin de combattre une doctrine absolue, qui en aura fait naître, chez le contradicteur, une ayant le même défaut. En tout cas, les éleveurs intelligents attribuent une large part à chacun d'eux.

S'il est hors de doute qu'en pratique, l'insuffisance de l'un de ces éléments peut, dans une certaine mesure, être compensée par une perfection plus grande de l'un ou des deux autres, il n'en est pas moins vrai que les qualités ne sont jamais mieux équilibrées chez le produit que lorsqu'elles résultent du concours de ces trois facteurs également perfectionnés.

Pour moi, il y a longtemps que j'ai acquis la conviction que leur part d'influence peut être cotée avec une parfaite parité : de sorte que, représentés chacun par 3, dans la plus haute expression de leur valeur, ils obtiendraient 9, chez le produit bien réussi, puisque cette influence aurait été égale.

Mais, hélas ! combien sont rares de telles conditions de production ! Sans nier le chapitre des déceptions dans les conceptions les plus judicieuses et les mieux combinées, n'est-il pas vrai que l'état précaire de l'élevage de notre cheval de troupe doit avant tout être attribué à l'insuffisance des moyens employés pour l'obtenir bon.

En examinant attentivement la situation des étalons, des poulinières et celle des éleveurs, je vais m'efforcer de mettre à nu les vices que chacune d'elles comporte et d'indiquer les mesures capables d'y remédier.

## L'ÉTALON.

Le premier point à éclaircir dans la question des étalons, c'est de déterminer la quantité de ceux qui, en France, sont capables de bien remplir leur rôle dans la production du cheval de troupe et de luxe ou de demi-luxe.

L'administration des haras en détient dans ses établissements environ 1,000 têtes.

Elle en approuve ou autorise à peu près le même nombre chez les particuliers ; mais, parmi ces derniers, il en est une notable quantité qu'il faut ranger dans la catégorie des races de trait.

D'un autre côté, il existe, chez beaucoup de propriétaires, des étalons qu'il y a lieu de rattacher aux races de luxe, qui n'ont pu être autorisés à cause de quelque tare ou de quelque vice de conformation.

Enfin, il ne faut pas nier que, dans certaines contrées d'élevage, des poulains de deux ou trois ans ne concourent à la production du cheval de troupe, en saillissant des juments d'un certain mérite.

De sorte qu'en portant à 2,000 les étalons employés en France à l'élevage des chevaux qui nous font défaut, on ne s'expose pas à commettre d'exagération.

Il est bien certain aussi que ces 2,000 étalons sont doués individuellement de qualités relatives telles que, si elles se retrouvaient dans leurs descendants, ceux-ci seraient à même de remplir le but pour lequel on les produit.

Eh bien ! 2,000 étalons doivent saillir 100,000 juments ; il devrait en résulter, d'après les calculs généralement admis, 50,000 produits assez bien réussis à quatre ans.

Or, comme il y a déjà grand nombre d'années que ces 2,000 étalons fonctionnent dans les conditions précitées, il s'ensuit que, si leur part d'influence n'avait été annihilée dans une certaine proportion, nous posséderions, et au-delà, de quoi suffire à tous nos besoins.

Ces derniers ne peuvent cependant être satisfaits, malgré les progrès de l'élevage, que moyennant une importation annuelle de 10,000 chevaux, afin de parfaire le contingent de 30,000 que les services de l'armée et du luxe réclament chaque année.

D'où il résulte qu'au lieu de 50,000 chevaux, que ces 2,000 étalons devraient nous donner, nous n'en pouvons obtenir que 20,000 : encore parmi ces derniers en est-il beaucoup d'imparfaits, sans qu'il paraisse raisonnable d'attribuer leurs défauts au manque de qualités de leurs pères.

Par le fait, les étalons qu'achète l'Administration ou ceux qui sont subventionnés par elle, forment l'élite de la production française ; dans l'état actuel, il serait possible de lui demander

une plus grande quantité d'étalons ; mais il serait difficile de lui
en réclamer de meilleurs.

Qu'il soit regrettable que quelques sujets hors ligne nous soient
enlevés par la concurrence étrangère, j'en conviens ; mais je
conteste que ce fait ait une influence marquée sur la quantité et
la qualité des chevaux usuels chez les éleveurs.

Qu'on critique le système qui a prévalu pour le recrutement des
étalons, quant au type préféré, je le conçois, sans partager
entièrement, il s'en faut, les vues des opposants ; mais du moins
il est incontestable que les reproducteurs en service donnent de
bons produits quand ils sont utilisés dans de convenables
conditions ; c'est-à-dire quand ils sont efficacement secondés dans
leur œuvre par la bonne poulinière et les bons soins de
l'éleveur.

Si ces considérations sont vraies (j'ai la conviction qu'elles le
sont, en tous cas j'appelle sur ce point l'attention de tous ceux
qui pourraient l'éclairer) ; si elles sont vraies, dis-je, il en découle
la conséquence que l'action amélioratrice de nos étalons est en
grande partie gaspillée, presqu'en pure perte, parce qu'elle est
semée sur un terrain incapable de la féconder.

Ce serait à désespérer à tout jamais de l'avenir de notre élevage,
s'il fallait se résoudre et se contenter d'un produit passablement
réussi par cinq saillies effectuées.

Mais il n'en saurait être ainsi, Dieu merci !

Si, au lieu de rester dans la routine ou l'ignorance, nos éleveurs
voulaient enfin, en s'imposant quelques sacrifices qui ne seraient
que des avances bien placées, recourir aux seuls moyens capables
de leur fournir de bons produits, la situation changerait prompte-
ment de face.

Dans toutes les contrées où sont employés les étalons de
l'Administration, se rencontrent des élèves de valeur, dont
quelques-uns parfaitement réussis. Assurément il ne dépend pas
de ces géniteurs que ce nombre ne soit pas plus considérable ;
car, en examinant les produits manqués qui partout forment la
majorité, il est aisé de se convaincre que l'influence de l'étalon
devait échouer dans le milieu où elle était appliquée.

Qu'il y ait des réformes à introduire dans l'usage qui est fait

des étalons de l'Etat, cela me paraît incontestable : tout à l'heure je m'expliquerai sur ce point. Mais que, comme cela est assez la mode, on se récrie contre eux, en accusant leur impuissance, voilà ce que je ne puis admettre.

Donc, sur ce point, je conclus que 2,000 étalons bien choisis et bien employés suffisent à la France pour l'alimenter de tous les chevaux de selle, d'armes et de luxe ou de demi-luxe, dont elle peut avoir besoin, non-seulement en temps de paix, mais encore en cas de guerre.

Il y a loin de ces idées à celles qui tendent à engager l'administration des Haras à doubler ou à tripler son effectif d'étalons.

Certes, je suis loin de prétendre qu'il n'y aurait pas avantage à substituer aux étalons actuels des particuliers, des pères meilleurs appartenant aux Haras ou patronnés par eux ; mais j'ai la conviction que cet avantage ne compenserait pas, il s'en faut, les dépenses à faire pour un pareil objet.

Car, ainsi que nous le verrons plus tard, le terrain sur lequel les étalons sont appelés à déposer leur semence d'une manière utile, est si restreint, que ceux existant actuellement suffisent de beaucoup au-delà pour le féconder, puisqu'au moins la moitié de leurs efforts demeurent à peu près stériles en fait d'amélioration sensible.

Or, si on ne trouve pas à utiliser sans perte les étalons existants, pourquoi demander à les multiplier ?

Outre qu'en agissant ainsi, on engagerait l'Etat dans des dépenses élevées, sans compensation utile, on détournerait l'attention des causes réelles de l'infériorité de notre élevage, qui continuerait à subsister au grand détriment de nos intérêts.

Si les étalons mis par l'administration à la disposition des particuliers ne sont pas partout bien adaptés aux conditions locales au milieu desquelles ils doivent se reproduire, qu'on étudie les modifications à leur appliquer quand la question aura été bien mûrie, qu'il soit fait à l'industrie un appel pressant pour la résoudre, pourvu qu'il lui soit démontré qu'il y a tout avantage pour elle.

## III.

Sur les modifications à introduire dans l'étalonnage, je crois devoir émettre un avis dont l'Administration des Haras pourrait, à mon sens, faire son profit : ce serait de faire faire moins de saillies à ses étalons, à moins que les juments qui leur seraient présentées ne se recommandassent par de réelles qualités ; il arrive, en effet, que les propriétaires, quoiqu'ils ne possèdent que des poulinières indignes de ce nom, abusent de leur influence pour obtenir la saillie de l'étalon de tête de la station, lequel se fatigue et s'épuise trop souvent à féconder de mauvaises et de très-petites juments, qu'il ne parvient à saillir qu'au prix des plus grands efforts.

J'ai la conviction que la trop grande multiplication des saillies par les étalons est une des principales causes de leur infécondité. S'il n'y avait que les poulinières pauvres qui leur sont présentées à en souffrir, cela me toucherait peu ; mais, en ce cas, le mal occasionné par ces dernières rejaillit sur les bonnes, au grand préjudice de l'intérêt que l'on prétend protéger.

On répond à cela : dans une station, quand un étalon a sailli les juments dignes de lui, il vaut encore mieux l'employer à servir les médiocres et les mauvaises que de le laisser dans l'inaction. D'accord ; mais, ici, il y a une question de mesure : c'est parce que très-souvent il se commet des abus que je me permets d'appeler sur ce point l'attention de qui de droit.

Pour justifier l'établissement d'une station d'étalons, on fait surtout sonner bien haut le nombre des juments existant dans les localités voisines ; mais on se préoccupe assurément moins de savoir si elles sont dignes de quelqu'intérêt, au point de vue du résultat que l'on poursuit.

Certes, quelque restreint que soit le nombre des bonnes juments dans un lieu éloigné de toute station, l'appel qui y est fait d'un bon étalon est justifié ; car, ainsi que nous le verrons plus loin, une bonne poulinière est un fruit si rare, que partout où il se trouve on doit chercher à le féconder.

C'est même là l'un des arguments les meilleurs que l'on puisse invoquer pour justifier l'augmentation du nombre des étalons ; mais assurément la sollicitude des officiers des haras est en mesure de satisfaire à tous les besoins avec les ressources actuelles de cette Administration.

Si je pouvais seulement entrevoir l'espérance d'une amélioration sensible et prochaine par la multiplication des étalons, je me garderais bien de combattre une pareille proposition, mais j'ai la conviction qu'il n'y aurait à profiter de ce système que les éleveurs d'étalons, industrie considérable et fort respectable de la Normandie, l'honneur de l'industrie chevaline française.

Mais sa prospérité n'est-elle pas parfaitement assurée par les débouchés de la France et de l'étranger ? Quand l'étalon n'a pas trouvé d'acheteur, est-ce que le luxe ne le paie pas, le plus souvent, presque aussi cher ? Car, qu'on ne s'y trompe pas, le sujet qui serait impropre au service de luxe ne saurait jamais être compté parmi les étalons à recommander.

Il est une autre question relative aux étalons, dont je dirai un mot qui, j'en ai peur, est de nature à provoquer quelque orage. Je veux parler de la diffusion de l'étalon anglo-normand sur tous les points de la France, y compris la malheureuse contrée du Midi, qui aurait eu la folle prétention de produire des carrossiers en concurrence avec la Normandie et autres pays.

On comprend l'usage de l'étalon anglo-normand partout où se rencontre une jument normande ; mais l'intrusion du sang normand, comme véhicule du sang noble qu'il s'agit d'infuser à une race qui n'a pas de rapport avec la normande, est une faute au point de vue scientifique. Je ne prétends pas qu'il n'en soit résulté des avantages économiques ; mais si ceux-ci avaient pu être obtenus, en employant, pour croiser chaque race commune, directement l'un ou l'autre pur sang, il me semble que ces avantages seraient plus fixes, mieux enracinés.

Un pareil système, en créant l'industrie de la production étalonnière partout où se trouvait une race recommandable, aurait donné dans plusieurs centres d'élevage une impulsion importante et d'une grande utilité.

Les étalons de demi-sang ainsi obtenus et dont l'usage aurait été restreint dans la race de leur mère, auraient imprimé à leurs produits une plus grande uniformité, ce qui aurait facilité le bon appareillement des attelages.

D'ailleurs, nés et élevés dans le milieu où ils auraient dû se reproduire, il ne faut pas douter que la force de transmission de leurs qualités n'eût été plus grande, mieux assurée.

Je prie le lecteur de me permettre d'ouvrir ici une parenthèse : ce qui précède était écrit lorsque j'ai pris connaissance du compte rendu de la séance de l'Assemblée nationale du 25 janvier 1873, dans lequel j'ai pu lire la proposition de M. Delacour et de beaucoup d'autres de ses collègues. Cette proposition a fait naître, je ne le cache pas, quelques appréhensions dans mon esprit, parce que, selon ma conviction, ces honorables représentants n'ont pas choisi le vrai chemin qui doit conduire au but qu'ils se sont proposé ; mais, d'un autre côté, elle me comble de joie, parce que, connaissant le terrain et les dispositions d'esprit de leurs collègues, ils n'ont pas redouté de leur soumettre une question dont la solution comporte un crédit considérable, chose assurément le plus difficile à obtenir, et sans laquelle les systèmes les meilleurs sont fatalement frappés de stérilité. La déclaration d'urgence a été obtenue : c'est une preuve que la question d'argent n'a pas étonné nos représentants. C'est là un résultat considérable que tous les amis de la prospérité de notre industrie chevaline doivent accueillir et saluer avec bonheur. Quand nous saurons pouvoir compter sur le concours financier du pays, il ne restera plus qu'à en régler l'emploi, suivant l'intérêt général. C'est pour concourir à ce résultat que je ferme ma parenthèse, bien que la proposition en question m'inspire des réflexions, qui seraient un hors-d'œuvre ici : je continue donc comme si je n'avais pas eu l'occasion de l'ouvrir.

Je le répète, si les étalons étaient nés et élevés dans le milieu où ils sont destinés à se reproduire, il ne faut pas douter que la force de transmission de leurs qualités ne fût plus grande, mieux assurée.

Mais je reconnais qu'il serait préjudiciable, dans l'état actuel de notre élevage, de négliger l'emploi de l'anglo-normand, partout où il est reconnu économiquement efficace, sous prétexte de chercher la création d'un autre demi-sang, surtout dans des pays où les éleveurs sont loin d'être à la hauteur d'une telle mission.

Toutefois, il serait au moins fort désirable que les tentatives particulières qui seraient signalées sur divers points reçussent, de la part de l'Administration, de larges encouragements, qu'elle ne devrait jamais se faire marchander.

Quant aux contrées qui, à tort ou à raison, repoussent l'étalon normand, il faut ou les éclairer, si elles se trompent, ou leur donner satisfaction, si elles ont raison, en mettant à leur disposition soit des demi-sang d'autres provenances, soit des pur-sang anglais, arabes ou anglo-arabes, afin que, du croisement par ces derniers, sorte le demi-sang reproducteur, dont le judicieux accouplement dotera ces localités de bons chevaux de service, qui, aujourd'hui, y sont si clairsemés.

Dans la situation où se trouve notre malheureux pays, et en présence de ses besoins si pressants, si urgents, il serait au moins téméraire d'abandonner un système qui, je le reconnais, a donné d'importants résultats, sous le prétexte qu'on eût pu mieux faire, et que ce qui, autrefois, fut laissé de côté, devrait être repris aujourd'hui.

Il est plus prudent, plus raisonnable d'accepter les faits accomplis, en les corrigeant dans la mesure où ils peuvent être corrigés, plutôt que de s'engager dans de nouvelles écoles, lesquelles, d'ailleurs, quelque bien fondées qu'elles fussent, ne pourraient nous donner que des fruits tardifs, des résultats lointains.

Il me resterait à dire quelques mots de la situation hygiénique des étalons de l'Etat dans les établissements où ils sont entretenus. Mais je suis très-gêné dans l'expression de ma pensée par les agissements de nos Administrations passées, dont les errements seront difficiles à corriger dans celles de l'avenir.

Il ne faut pas douter, en effet, que les emplacements de ces établissements, au milieu de nos centres urbains, n'aient été déterminés par le concours local qui fut offert à l'Administration centrale.

Je reconnais que ces établissements, au point de vue de leur installation et de la manière dont ils sont tenus, ne laissent rien à désirer ; mais les étalons, malgré l'exubérance de leur vitalité, y sont condamnés à moisir dans la stalle, d'où ils ne sortent que pour effectuer une promenade de quelques quarts d'heure, qui n'est pas toujours exactement journalière.

Si, au contraire, ces dépôts avaient pu être créés au milieu des centres agricoles, outre que l'entretien des chevaux y aurait été moins onéreux, il aurait été possible d'y ménager à chaque étalon un vaste padox, où tous les jours il aurait pu prendre ses ébats, respirer l'air pur, et renforcer sa vitalité par un exercice salutaire.

Mais, puisqu'ici encore, il faut tenir compte des faits accomplis, qu'il me soit au moins permis d'émettre un vœu : c'est que, en dehors de la monte, ou pendant qu'elle s'effectue, tous les étalons soient, chaque jour, soumis à de longues promenades aux allures lentes, entrecoupées de temps plus courts d'allures rapides.

Que, pendant la monte, les chefs de station reçoivent des instructions précises sur les limites des saillies journalières, qui jamais ne doivent être dépassées, et qu'une vigilante surveillance soit exercée à cet égard.

Ce sont là, si je ne m'abuse, deux moyens qui, s'ils sont bien observés, devraient améliorer le degré de fécondité des étalons, que trop souvent on critique avec juste raison.

Imp. de Mᵉ Vᵉ C. Mellinet, place du Pilori, 5.

# L'ÉLEVEUR

L'influence d'un bon éleveur s'exerce sur la valeur du produit dans une proportion égale à celle de l'étalon ou de la poulinière.

Le bon éleveur est celui qui ne néglige aucun des soins que nécessitent :

1° La saillie de la poulinière ;

2° Son entretien, comprenant les règles hygiéniques inhérentes au logement, à la nourriture et au pansement ;

3° L'élevage et le dressage du produit, en ayant pour visée le débouché.

L'Administration des haras coopère à la saillie ; des marchands sont des intermédiaires fort utiles entre les éleveurs des sujets de différents âges ; les écoles de dressage sont des auxiliaires, dans certains cas, avantageux pour l'éleveur ; enfin, quand l'élevage est terminé, les commissions de remonte, des marchands ou des consommateurs directs, sont des débouchés toujours ouverts pour l'écoulement des produits.

En suivant le poulain dans les différentes phases de sa croissance, je serai donc forcément amené à parler du rôle réservé aux officiers des haras, à ceux de la remonte, aux écoles de dressage ainsi qu'aux marchands.

La saillie est l'opération qui nécessite la plus grande attention de la part des parties intéressées. Je ne m'en occuperai pas au point de vue du bon accouplement des sexes, dont l'importance est pourtant considérable. Je me bornerai à rechercher le moyen à l'aide duquel la saillie, par un bon étalon, puisse toujours être économiquement mise à la portée du propriétaire d'une bonne jument.

Ici, l'Administration des haras doit jouer le rôle le plus considérable. Dans ma pensée, les officiers devraient avant tout dresser une statistique exacte de toutes les juments réservées pour la production dans toute la France. A cet effet, des tableaux à colonnes seraient remplis par leurs soins. Ces documents seraient ensuite résumés et centralisés au dépôt chef-lieu de chaque circonscription et au siége de la direction générale des haras. Les poulinières y seraient classées selon leur âge, leur robe, leur taille, leurs aptitudes et leurs tares. La plus grande attention serait surtout portée pour distinguer les poulinières de trait réservées à la production de leur race pure. Parmi celles livrées aux étalons de sang améliorés, on établirait des divisions exactes, selon qu'elles seraient elles-mêmes améliorées, qu'elles appartiendraient aux races de trait, ou qu'elles seraient tarées, mal conformées ou de trop petite taille, pour en espérer un produit pouvant être utilisé pour les besoins de l'armée.

Je sais que, pour atteindre un tel but, il faudra un personnel plus nombreux que celui qui existe ; je sais aussi que ce labeur exigera de la part de ceux qui en seront chargés, non-seulement des connaissances pratiques bien assises, mais encore un zèle, un amour du travail, qui feront bientôt oublier que leurs fonctions ont pu quelquefois être considérées comme des sinécures.

Mais l'importance d'un pareil recensement est tellement considérable qu'on n'en devrait pas marchander les frais. Si le personnel actuel des haras n'est pas suffisant pour l'effectuer, il faut absolument l'élever à la hauteur d'une telle mission. J'ai la conviction que la France est encore assez riche en intelligences de tout ordre, pour qu'il soit possible d'y recruter le complément nécessaire au personnel actuel, dont le dévouement, le zèle et les aptitudes ne soulèvent aucun doute dans mon esprit.

Une carte de l'assiette des poulinières de tous les ordres, sur tous les points de la France, indiquerait quelles sont celles sur lesquelles il y a lieu de pouvoir compter pour leur efficace coopé- ration à produire les chevaux d'armes pour la selle.

Il arrivera :

1° Ou bien que ces juments seront assez agglomérées dans un rayon déterminé, pour qu'il y ait lieu de placer au centre une station d'étalons bien appropriés, pour un judicieux accouple- ment ;

2° Ou bien qu'elles seront tellement éparpillées sur une vaste étendue que la station placée au centre du nombre nécessaire pour l'occuper, serait éloignée des lieux excentriques, par une distance telle, que les voyages nécessités par la saillie la ren- draient trop onéreuse et d'un résultat trop incertain, au point de vue de la fécondation.

En tout cas, je suis certain que cette statistique donnerait des résultats différents de celle qui est publiée d'après les travaux des commissions cantonales. En effet, on a l'habitude de consi- dérer que tous les sujets désignés sous le titre de poulains sont nés dans le lieu où leur présence est constatée. Or, il est certain que, d'un côté, bon nombre de poulains de deux ans sont compris sous cette appellation de poulains; et, d'un autre, il n'est pas douteux que beaucoup de ces animaux vendus au sevrage ou un peu plus tard, sont conduits au loin, dans des localités où on fait naître fort peu. De la sorte, je crois qu'on s'expose à commettre de graves erreurs, en supputant le nombre des poulinières par celui des poulains déclarés dans chaque localité.

Ainsi, dans les contrées comme la Bretagne et la Vendée, par exemple, d'où il s'exporte beaucoup de poulains à partir du sevrage, on suppose qu'il y existe moins de poulinières qu'il n'y en a réellement. Au contraire, dans la Normandie, le Perche et le Berry, on a la coutume d'introduire beaucoup de poulains, même dès le jeune âge. Aussi, dans ces localités, il y a réellement un nombre moins considérable de poulinières que celui porté dans les statistiques officielles.

Quel que soit d'ailleurs le résultat d'un recensement raisonné tel que je le réclame, on saura à quoi s'en tenir sur la prétendue nécessité d'augmenter le nombre des étalons de sang, à supposer qu'on accepte ce que je crois être la vérité, à savoir : leur impuissance à produire un bon cheval d'armes, à moins d'être secondés, dans une certaine proportion, par l'influence de la mère.

Toutes les fois que, dans une localité, il se rencontrera une agglomération de poulinières capables, en nombre suffisant pour alimenter une station d'un ou de plusieurs étalons, cette station devra y être maintenue ou créée.

Mais là où les poulinières capables seront trop éparpillées pour pouvoir économiquement être conduites à une station, l'Administration devrait imiter l'industrie privée, en organisant un service d'étalons rouleurs confié à des palefreniers inspirant le plus de confiance.

La statistique dressée par les officiers des haras leur permettrait de tracer à l'avance l'itinéraire que ces palefreniers devraient suivre : des mesures seraient prises pour que le cercle indiqué fût parcouru à diverses reprises, afin de permettre à tous les propriétaires de profiter de l'époque variable de chaleur ou de mise-bas de leurs poulinières.

Ce n'est que quand le service de toutes les poulinières capables serait ainsi parfaitement assuré dans toute la France, que les inférieures devraient être admises au bénéfice de la saillie par les étalons nationaux, toutefois dans la mesure stricte de leurs forces, si importantes à ménager, afin d'en pouvoir obtenir des résultats toujours efficaces.

Les avantages d'un pareil projet me paraissent incontestables. Il ferait au moins taire les réclamations des localités privées d'étalons de l'Etat et qui en voudraient avoir ; puisque partout où un besoin réel aurait été signalé, l'Administration se serait fait un devoir de lui donner satisfaction.

En outre, les bons conseils des officiers des haras pénétrant directement jusqu'aux plus humbles chaumières, auraient plus de chance d'être écoutés et suivis. Qui sait si, dans le Boulonnais, la Picardie, la Bretagne, des éleveurs ne consentiraient pas à livrer bon nombre de poulinières de trait à des étalons comme en fournit le Norfolk, ayant du sang, qui donneraient des produits alliant à la force et à la franchise nécessitées par le service du trait, la légèreté exigée pour le service de la cavalerie de ligne ou de réserve, ainsi que pour celui de nos carrosses. Déjà, dans ces pays, des éleveurs sont convertis à cette idée, qu'ils expriment, en se servant de cette métaphore : Qu'à volume égal, le chêne a plus de résistance que le peuplier. Si cette pratique pouvait se généraliser dans une certaine proportion, mais bien entendu sans entamer l'essence de nos magnifiques races de trait, combien nos ressources s'en accroîtraient sûrement dans un avenir prochain !

On sait que les juments poulinières utilisées à la production des chevaux de demi-sang sont d'origines fort diverses et qu'elles sont entretenues dans des conditions culturales très-différentes. C'est ainsi qu'une poulinière d'une race de trait bien accouplée avec un étalon de sang, donnera un produit fort et léger, de même que la carrossière de demi-sang ou la femelle de nos races légères, pourvu qu'elles soient données à un étalon dont le degré de sang soit bien approprié à leurs aptitudes. Ce sont là des points de pratique fort utiles à envisager, mais qui doivent rester en dehors du cadre que je me suis imposé. Au point de vue cultural, il y a des poulinières qui servent en même temps à la ferme pour les labours et les charrois, tandis que d'autres ne sont jamais attelées pour un service de trait lent, mais sont cependant utilisées soit pour la selle, soit pour l'attelage aux allures rapides, à des véhicules légers. Enfin, il en est qui ne sont employées à aucune espèce de service et qui passent toute leur vie soit à l'herbage, soit à l'écurie. Ces différentes conditions changent le résultat économique qui en résulte ; mais il ne peut entrer dans ma pensée de traiter ici ces diverses questions ; chaque chef d'exploitation étant juge du choix sur lequel il doit s'arrêter, selon les conditions de son terrain et les habitudes économiques du pays où il opère. Toutefois, il est des règles générales qui découlent de l'observation et qui permettent de conclure qu'une industrie agricole qui se proposerait exclusivement la production chevaline, aurait de grandes chances de ne pas réussir ; tandis que cette production, menée parallèlement avec d'autres, donne, entre des mains intelligentes, de meilleurs résultats. L'agriculteur, du reste, comme beaucoup d'industriels ou de commerçants, doit diviser ses entreprises, afin de trouver, dans des chances diverses, des compensations qui lui assurent les bénéfices que le travail est toujours en droit d'attendre. Il va de soi, en outre, que la poulinière qui n'est utilisée à aucun travail, du moins là où il aurait lieu d'en pouvoir profiter, est d'un entretien plus coûteux et qu'elle ne devra donner un résultat fructueux que si, par ses qualités propres, elle est en état de produire un sujet de grande valeur bien réussi.

Du reste, si dans les conditions diverses auxquelles je viens de faire allusion, il faut des poulinières d'une corpulence et d'un tempérament différents, il n'en est pas moins vrai que le produit attendu sera d'une valeur toujours en rapport avec les qualités de sa mère : l'éleveur ne saurait jamais trop se pénétrer de cette vérité, pour choisir, selon ses moyens, une jument ayant le plus de mérite possible, dans le genre qu'il a adopté.

Il est évident aussi, qu'une poulinière, qui le plus souvent est pleine et tétée par son dernier produit, doit être toujours bien nourrie et ménagée dans la somme et la durée du travail auquel on la soumet. Mais en outre, il lui faut un logement commode et sain. Or, c'est principalement par ce côté que pèche l'élevage. Les logements incommodes exposent à une masse d'accidents et quand en outre, ils sont malsains, ils nuisent au bon entretien des animaux et les exposent à des maladies. C'est ici surtout que l'intervention des officiers des haras doit se faire sentir, soit pour appuyer les réclamations des fermiers auprès de leurs propriétaires, soit en excitant ceux-ci à mieux établir les bâtiments d'exploitation. Il n'est pas un homme ayant quelque habitude des champs à n'avoir pas été souvent témoin d'accidents survenus aux poulains et à leurs mères, par le mauvais aménagement des logements et de leurs abords. Tout éleveur bien avisé portera son attention sur la bonne installation des écuries, des voies qui y conduisent et des clôtures des pâturages fréquentés par les animaux. Car, hélas ! il y a fort à faire de ce côté-là !

Dans les cas ordinaires, le poulain ne réclame pas de soins particuliers jusqu'au sevrage, en dehors de l'habituer à se laisser approcher et garnir la tête d'une têtière dès le quatrième mois, chose qui est trop négligée et qu'on ne parvient à réaliser plus tard, qu'en usant de quelque violence, ce qui est toujours un mal.

On sait qu'en agriculture surtout les entreprises les mieux goûtées sont celles qui se liquident à la plus courte échéance. Du reste, pour que l'éleveur pût garder les produits qu'il aurait fait naître jusqu'à leur entrée en service, il faudrait qu'il disposât de plus grands logements et de plus de ressources que n'en présentent en général nos fermes. Il arrive donc un moment où le poulain, à partir du sevrage et surtout quand il est poussé par un nouveau venu, est un embarras pour le possesseur de la poulinière. Eh bien ! trop souvent il éprouve de véritables difficultés à écouler son produit. L'entreprise de faire naître et de vendre au sevrage ou quelques mois après est bien la plus aléatoire de toutes les phases que le sujet parcourt pour parvenir aux mains du consommateur. Cependant elle est la plus importante, puisqu'elle est la base même de la production. Les facilités des communications fournies par nos voies ferrées engageront les marchands connaissant les besoins de certaines localités à se procurer, dans les régions qui font naître, les animaux dont les éleveurs ont intérêt à se débarrasser. Ce courant devrait être favorisé par des instructions et des conseils répandus par les officiers des haras et les comices cantonaux, qui, pour cet objet, devraient agir de concert. Des primes pourraient en outre être décernées sur les champs de foire aux intermédiaires qui y auraient amené le plus grand nombre de jeunes animaux, des localités éloignées où l'on a l'habitude de faire naître. Ce commerce fleurit pour les races de trait, mais il est à peine inauguré pour les jeunes animaux des races améliorées. S'il pouvait s'établir pour celles-ci sur le même pied que pour les premières, qui sait si beaucoup de possesseurs d'une poulinière, assurés d'écouler vite son produit, n'en entretiendraient pas une seconde ? C'est là, qu'on y songe bien, une question majeure. Du reste, plus on divisera l'entretien des jeunes animaux, entre des éleveurs, suivant les époques diverses de la croissance, plus on multipliera les bénéfices et plus on accroîtra la production. En outre, on ne peut nier qu'il existe des contrées éminemment propices à faire naître économiquement des sujets d'un brillant avenir ; mais cet avenir se justifie surtout, quand les poulains, transportés jeunes loin du lieu qui les a vus naître, ont trouvé là une alimentation et une gymnastique absolument nécessaires au développement de leurs aptitudes et que la contrée où ils étaient nés n'aurait pu leur fournir.

D'un à deux ans, le poulain de race améliorée ne doit jamais être soumis à quelque travail que ce soit : son éducateur devra le bien nourrir, le traiter avec douceur, le loger sainement et confortablement et lui fournir un petit parcours où il puisse exercer et développer ses allures. Hors de ces conditions, un élevage judicieux ne se comprend pas. La nourriture devra être choisie suivant les conditions économiques au milieu desquelles on est placé et donnée sans parcimonie, parce que le développe-ment qu'on en obtiendra en compensera toujours les frais. Toutefois, je conteste fort que pour obtenir un bon cheval, il faille absolument une ration journalière d'avoine à partir du sevrage. Dans ces conditions, l'entreprise serait le plus souvent économiquement impossible. Du reste, je suis très porté à croire que le bon cheval sort bien plutôt du ventre de sa mère que du coffre à avoine ; car assurément si j'ai vu beaucoup de sujets énergiques et de fond, bien qu'ils n'eussent pas mangé un grain d'avoine avant l'âge de quatre ans, il m'est arrivé de rencontrer de véritables rosses chez des produits qui, d'un à quatre ans, avaient chaque jour reçu une bonne ration de ce grain.

C'est ici que se présente la castration à opérer chez les mâles. Je partage à cet égard entièrement les idées de M. Gayot, et je connais une contrée de mon voisinage où cette opération pratiquée vers le deuxième mois, après la naissance, donne les meilleurs résultats. En tout cas, tout en tenant compte de la force des habitudes enracinées et si difficiles à détruire sans la longueur du temps, je conclus que cette opération réussit d'autant mieux qu'elle est pratiquée chez l'animal plus jeune.

A partir de deux ans l'animal doit recevoir les mêmes soins que de un à deux ; mais ici, à moins qu'il ne s'agisse de sujets trop irritables et trop difficiles par conséquent pour l'habileté encore fort en retard de leurs éducateurs, il y a toujours avan-tage à les soumettre à la domination de l'homme en les habituant à se laisser monter pour parcourir de légères distances, et un peu plus tard, à se laisser atteler soit au devant d'autres chevaux, soit seuls à des véhicules légers ou à la carriole pour porter le fermier dans les localités voisines où sa présence est souvent nécessaire. Pourvu que le travail qu'on leur réclame ne soit jamais au-dessus de leur force, il sera toujours un excellent moyen de développer les muscles, les attaches articulaires, de réconforter le tempérament, en même temps que leur caractère, s'ils sont traités avec douceur, se formera de bonne heure, pour acquérir ce qui lui donne le plus de prix, quand les animaux sont parvenus à l'âge adulte. Ce système, dans les contrées où il est déjà pratiqué, donne d'excellents résultats, malgré les abus qu'on peut signaler chez quelques éleveurs brutaux et peu soigneux, qui poussent les jeunes animaux aux allures vives, comme s'ils étaient à l'état d'adultes.

La grande masse des sujets les mieux réussis, dans nos petites races, sont traités ainsi ; malgré cela, la plupart d'entre eux, parvenus à quatre ans, seraient d'excellents chevaux de troupe, s'il ne leur manquait la taille et le développement. Qu'on suppose que les fermiers qui les font naître soient munis de juments plus grandes que celles qu'ils possèdent, qu'on laisse le reste marcher suivant la tradition, et on se procurera sûrement une pépinière d'excellents chevaux d'armes. Les éleveurs auront payé les poulains un prix plus élevé, mais ils trouveront une large compensation dans la revente.

Le travail précoce, quand il est modéré avec intelligence, développe toutes les qualités physiques et morales des chevaux. Dans le midi, les éleveurs du Gers achètent au sevrage beaucoup de poulains nés dans la plaine de Tarbes ou dans les vallées pyrénéennes : ils les élèvent en les exerçant dès le jeune âge à de légers travaux. Or, il est incontestable qu'à quatre ans, ils sont supérieurs à leurs congénères, qui étaient restés sur les herbages des bords de l'Adour, n'ayant jusque-là porté que les mouches.

Mais chez certains herbagers, qui en diverses contrées élèvent des poulains laissés huit mois de l'année sur la prairie, souvent en compagnie de bœufs à l'engrais, le dressage précoce ne peut être pratiqué, non-seulement parce qu'ils manquent du personnel nécessaire, mais encore parce que le plus souvent les herbages sont éloignés de leurs habitations. En ce cas, les animaux sont vendus, étant encore demi-sauvages, soit à la remonte, soit à des marchands, à moins qu'ils n'aient été remis dans une école de dressage, s'il s'en trouve dans le voisinage.

Les écoles de dressage, quand il s'agit d'animaux élevés en plein air, ou de sujets très-irritables ou d'un caractère hargneux, rendent de réels services, soit que les animaux y soient déposés au compte des éleveurs, soit à celui du consommateur, après qu'il s'en est rendu acquéreur. Mais leur influence se remarque surtout, quand il s'agit de sujets d'élite, dont la vente, par son produit élevé, permet de dédommager l'éleveur, des frais qu'il a à supporter. Il ne faut pas nier qu'elles ont puissamment contribué à élever la faveur attachée aujourd'hui au cheval français. Toutefois, le plus souvent leur intervention sera moins utile pour la préparation de la masse des chevaux usuels de service.

Il ne saurait entrer dans ma pensée de parler ici des établissements de nos grands éleveurs ; car là je trouverais des leçons à recevoir, et les conseils que je hasarde dans ce travail ne sauraient, à aucun titre, s'adresser à eux.

Me voici arrrivé au terme de l'élevage ; le sujet approche de quatre ans ; il faut absolument que le fermier s'en débarrasse, afin qu'il puisse remplacer le partant par le nouveau venu, qui le pousse fatalement. Vous aurez beau faire miroiter à ses yeux l'espoir de réaliser un prix plus élevé, s'il consent à le garder encore un an ; il vous répondra invariablement qu'il ne trouve plus aucun avantage à continuer de nourrir cet animal et il ajoutera que depuis déjà bien longtemps le capital qu'il représente est resté improductif. En cela, m'appuyant sur les données d'économie agricole, je trouve qu'il raisonne fort bien ; car je n'entrevois aucun intermédiaire qui puisse avec avantage faire pendant un an les frais de nourriture et de dressage, dans le seul but de les retrouver dans la plus-value que le sujet en obtiendra. Qu'il y ait des consommateurs peu exigeants, doux et habiles à manier le cheval, en état de remplir ce rôle, pour diminuer le prix de revient du travail qu'ils obtiennent, rien de

plus vrai ; mais quant à ériger cela en système pour la production entière, cela me paraît impossible.

Donc le produit doit être vendu. La remonte, le marchand et
le consommateur qui quelquefois, voudrait bien ne pas payer le
bénéfice de l'intermédiaire, se présentent en concurrence.

La remonte achète à partir du 1er janvier les chevaux dont
les dents de quatre ans sont sorties. Mais par une tolérance
exceptionnelle, et à titre d'essai, M. le Ministre décida l'an
dernier, qu'à partir du mois de septembre, les chevaux de trois
ans et demi pourraient être acceptés. Toutefois, parmi les sujets
présentés dans ces conditions, il y eut peu d'élus : je ne sais
quelle en fut la cause.

Cependant par le temps de pénurie qui court, non-seulement
en France, mais encore partout à l'étranger, si la remonte n'entre
pas franchement dans cette voie, elle courra grand risque d'être
devancée par le commerce, qui, à défaut de chevaux plus vieux,
sait faire accepter, pour le service de sa clientèle, ceux qui n'ont
que trois ans et à plus forte raison trois ans et demi.

En tout temps il a été fort difficile, sinon impossible de faire
conserver au producteur son cheval au-delà de quatre ans : mais
depuis notre malheureuse guerre, la demande qui lui est faite
est tellement pressante, qu'il trouve preneur à un prix très-
tentant, avant que son animal n'ait même accompli sa troisième
année ; aussi, quand la remonte apparaît pour récolter la géné-
ration de quatre ans, trouve-t-elle que les sujets sur lesquels
elle croyait pouvoir compter ont déserté pour la plupart. Voilà
la situation ; il faut l'accepter, puisqu'il n'est pas possible de la
surmonter.

Dans l'Allemagne du Nord, la remonte achète déjà depuis de
longues années les élèves de trois ans à trois ans et demi. Ces
animaux passent une année dans des établissements agricoles
appartenant à l'Etat, qui sont au nombre de douze. Chacun d'eux
est composé d'un certain nombre de fermes et peut contenir au
moins trois cents chevaux. Il est dirigé par un fonctionnaire qui
possède des connaissances spéciales sur l'agriculture et sur
l'industrie chevaline. Il est secondé par un certain nombre de
vétérinaires et par plusieurs comptables.

Un vétérinaire chef est spécialement chargé de l'hygiène des chevaux : il a sous ses ordres d'anciens sous-officiers qui surveillent les palefreniers, anciens soldats aussi, employés à raison d'un par vingt à trente chevaux.

Ce sont des journaliers qui cultivent le sol sous la surveillance d'un maître-laboureur. La ferme doit produire tout ce qui est nécessaire à la nourriture des chevaux. Chacune d'elles est composée d'une écurie d'hiver, divisée en compartiments pouvant contenir chacun de vingt à trente chevaux, laissés en liberté comme un troupeau de moutons. Ils y passent environ quatre mois durant la mauvaise saison et reçoivent une ration journalière de 6 litres, 87 d'avoine, 10 livres de foin et 16 livres de paille.

Environ huit mois de l'année, les chevaux sont mis dans la prairie, par bandes de vingt à trente. Dans les meilleures prairies, l'étendue réservée à chaque cheval est à peu près de quarante ares ; mais il en est dont la mauvaise qualité nécessite un parcours d'un hectare vingt-cinq ares. Les prairies sont divisées en autant de pâturages qu'il y a d'écuries, placées dans leur enceinte. Chaque pâturage est en outre divisé en deux parties, dans lesquelles on fait alternativement passer les chevaux à mesure que le vert de l'une des deux est épuisé. Les chevaux sortent des écuries à quatre heures du matin et y rentrent à dix heures du soir. Pendant la saison des fortes chaleurs, on les y fait rentrer dans le milieu de la journée et on les y laisse pendant deux ou trois heures. Pendant les huit mois d'été, les chevaux ne reçoivent aucune nourriture, et ne sont jamais pansés ; cependant, quand vers la fin, le vert a perdu une partie de ses qualités nutritives, il leur est donné, matin et soir, une ration de foin, de paille et d'avoine, je ne sais dans quelle proportion.

D'après les documents officiels visés dans le travail où j'ai puisé ces renseignements et qui est antérieur à l'époque de la guerre :

Le prix moyen de chaque cheval est de.............. 555ᶠ 75

Frais de tournée de la Commission d'achat........ 8 75

Frais d'une année, nourriture et personnel compris. 160 40

Prix de revient du cheval à quatre ans... 724ᶠ 90

D'après des renseignements plus récents, ce prix aurait été élévé au chiffre de 750 fr.

Comment veut-on, je le demande, qu'on puisse entrer, en France, en concurrence avec un pareil pays, quand il produit à si bon compte, qu'on serait tenté de croire que ce qui est affirmé, ne semble même pas possible?

L'un des motifs qui justifient l'achat à trois ans, c'est que beaucoup de bons chevaux qui ne sont dans l'armée que parce qu'ils sont achetés à cet âge, seraient vendus dans le commerce, si la remonte n'achetait que des animaux d'un âge plus avancé.

En Angleterre, le colonel de chaque régiment est chargé de le remonter. On calcule que le remplacement s'y fait par douzièmes. A l'exception des sous-lieutenants, tous les officiers se montent à leurs frais. Les prix des chevaux ont beaucoup augmenté depuis 1856, à l'issue de la guerre de Crimée. Les chevaux d'officiers sont payés 3,000 fr.; ceux des régiments de la garde, ont coûté, en 1872, chacun 1,125 fr.; ceux de l'artillerie, dont le prix, avant 1856, était de 750 fr., sont payés aujourd'hui 1,125 fr. Enfin, pour ceux des régiments de ligne, les prix qui étaient, avant la guerre de Crimée, de 654 fr. 50, ont dû être portés à 1,000 fr. Il est alloué en outre au colonel 25 fr. par cheval pour le transport de chaque animal du lieu d'achat à la garnison.

Il n'y a pas de dépôt de remonte en Angleterre.

Le règlement porte qu'on ne doit acheter que des chevaux de quatre ans; mais en tous temps, il a été accordé tacitement une tolérance de six mois au moins, parce que la situation du marché n'aurait pas permis d'acheter pour le même prix à quatre ans, les mêmes chevaux qu'on obtenait six mois auparavant.

Je ne parlerai pas de ce qui se fait en Italie et en Russie relativement aux remontes de la cavalerie de ces nations, parce que je n'y entrevois rien qui puisse éclairer la question, au point de vue de nos intérêts.

En France, la remonte se verra incessamment dans l'obligation d'acheter des chevaux à partir de trois ans, sous peine de ne pas trouver de quoi combler ses besoins en chevaux plus âgés. De la sorte, elle devra rechercher le moyen le plus économique de bien entretenir, pendant un an, ces jeunes animaux, qu'il serait dangereux de soumettre à un travail au-dessus de leurs forces. Toutefois, quand, sous l'influence de ces bons soins, ils seront parvenus à quatre ans, ils seront de beaucoup supérieurs à ce qu'ils auraient été, s'ils étaient restés un an de plus soumis au régime de la plupart de nos éleveurs.

Il ne serait peut-être pas impossible qu'il y eut intérêt à adopter un système analogue à celui qui est adopté en Allemagne. Cependant cette question demanderait à être étudiée, car je ne possède aucune donnée m'engageant à la recommander.

Dans ces derniers temps, il a été fortement question de remonter la gendarmerie au compte de l'Etat. Ce corps entretient en France un effectif d'environ 12,000 chevaux. Si cette idée venait à se réaliser, pourquoi ne pourrait-on pas lui confier des chevaux de trois ans jusqu'à concurrence du tiers de cet effectif. Un an plus tard, ils seraient versés dans la cavalerie de ligne et de réserve. En général, les gendarmes sont bons cavaliers et habitués à bien soigner leurs chevaux. On me dira qu'il y a de bonnes raisons pour cela, puisqu'ils leur appartiennent. Mais il me semble qu'il y aurait lieu de compter sur le dévouement de ces hommes d'élite, pour réaliser une idée d'intérêt véritablement national. En général le service de cette arme est très-doux pour les chevaux. En tout cas, quand par exception un surcroît de fatigue serait dévolu à une partie de chaque brigade, les vieux chevaux devraient marcher à la place des jeunes. Ceux-ci n'auraient pas à subir dans les brigades les funestes influences des agglomérations inévitables des dépôts de remonte ou des garnisons régimentaires. J'ai la conviction que le service ordinaire de la gendarmerie ne serait pas, en général, au-dessus des forces des chevaux de trois ans, lesquels parvenus à quatre ans, seraient de beaucoup supérieurs à ce qu'ils auraient été, s'ils étaient restés un an de plus sur les herbages.

A supposer que le service n'en dût pas souffrir, ce que je crois, voilà un moyen économique et sûr de placer à peu près la moitié de chaque remonte annuelle, et de s'assurer d'excellents serviteurs à partir de l'année qui suivrait.

Maintenant, ce n'est qu'en hésitant que j'aborde un sujet fort délicat, celui de l'organisation de la remonte. On sait que le personnel de nos établissements se recrute parmi les officiers régimentaires, et qu'on choisit, pour de telles fonctions, ceux que l'on croit les plus aptes à les bien remplir. Ce sont tous des hommes intègres, dévoués à leur devoir : j'ai la conviction qu'il n'existe pas de service qui soit plus consciencieusement accompli. Mais lorsqu'un officier a vieilli dans l'instruction ou l'administration des corps, quelque bon cavalier qu'il soit, quelque connaissance qu'il possède des signes indiquant un bon cheval, quand celui-ci est en état de service, il lui restera encore à acquérir ce que l'on n'apprend que par l'expérience, c'est-à-dire à deviner sous la graisse du jeune âge les indices qui permettent de distinguer, si l'animal offert deviendra un bon ou restera un mauvais cheval. Il faudra en outre déterminer, à l'aide d'indications familières à certains connaisseurs commerçants ou autres la valeur marchande du sujet, afin de pouvoir offrir à l'éleveur, non pas le prix fixé par le règlement, mais bien celui qu'il serait facile de réaliser dans le commerce. Eh bien, cela ne s'acquiert pas en un jour, cela ne s'apprend jamais au régiment. Aussi quand un dépôt est composé d'officiers nouvellement entrés dans le service des remontes, les éleveurs ont-ils à souffrir de leur inexpérience, en se voyant refuser des chevaux, qui seront cependant sûrement acceptés par un autre dépôt.

Dans ces circonstances, des marchands à l'affût de toutes les bonnes occasions achètent les chevaux au rabais, pour les conduire là où ils sont certains qu'ils seront acceptés à un prix qui les constituera en bénéfice, malgré les frais de transport à de grandes distances, quelquefois à plus de soixante lieues. Ici l'État et les éleveurs souffrent dans leurs intérêts ; le marchand seul réalise un bénéfice.

Je ne veux pas prétendre qu'il faille pour cela éloigner les marchands comme vendeurs à la remonte. Non ; car celle-ci doit prendre le cheval qui lui convient partout où elle le trouve. Tant pis pour l'éleveur qui, sans nécessité, fait le sacrifice du bénéfice à réaliser par celui auquel il vend ses animaux. Mais lorsque cet éleveur est victime de la fausse appréciation de la Commission, soit qu'elle refuse des chevaux qu'une autre acceptera, soit qu'elle en offre un prix au-dessous de la valeur réelle, il mérite bien d'être plaint, puisqu'il souffre injustement. En cette circonstance, il est souvent fort heureux de trouver le marchand, qui vient à son secours tout en le rançonnant le plus qu'il peut. Aussi cela décourage-t-il !... Or il me semble qu'il y aurait quelque chose à faire, pour remédier à ces inconvénients, qui existent réellement, et que j'ai pu constater plus d'une fois. Ce serait de constituer un corps spécial d'officiers pour le service de la remonte, recrutés dès le jeune âge, parmi ceux qui présenteraient les plus grandes aptitudes spéciales. Deux ou trois dépôts au nord, au centre et au midi seraient institués en écoles d'application. Les jeunes officiers devraient y faire successivement un stage, pour se mettre au courant de l'élevage et du commerce de chaque contrée. Ils y suivraient des cours théoriques et pratiques qui les mettraient bientôt en état de très-bien remplir leur mission. Leurs exercices comprendraient la fréquentation des foires, où ils se rendraient isolément et en costume civil, afin de bien observer ce qui s'y passe et de le rapporter dans des conférences, sous la présidence d'un professeur. Un corps ainsi constitué aurait de l'homogénéité, de l'unité dans les vues ; ainsi on verrait peut-être moins ces disparates choquants entre deux dépôts peu éloignés, dont l'un paie le même cheval beaucoup plus cher que l'autre n'en avait offert. Or, ces différences sont toujours au préjudice des éleveurs et tournent au contraire à l'avantage des marchands. Cette sorte de concurrence implique chez celui qui triomphe une certaine hardiesse, peut-être une plus grande habileté. Aussi si certains dépôts ont des époques alternatives de prospérité et de décadence, cela tient-il bien plutôt aux hommes qui les dirigent qu'aux ressources de leurs circonscriptions.

Les Commissions même les plus compétentes se laissent en outre trop souvent guider par le règlement, pour la fixation des prix, au lieu de n'avoir égard qu'à la valeur marchande des animaux, à celle facilement réalisable sur le marché. En effet, du moment qu'un cheval est jugé digne d'entrer dans le rang, il acquiert quelquefois aux yeux de la Commission une valeur qu'il n'atteindrait pas dans le commerce. Si ce travers pouvait être redressé, je crois que ce serait un bien. D'un autre côté, il est souvent accordé à la Commission des sujets dont la valeur réalisable est au-dessus de son offre. Cela établit la compensation. Apparemment tout le monde y trouve son compte, et le règlement aussi. Mais au point de vue de l'élevage et de la vérité, qui devrait toujours sortir triomphante de toutes les épreuves, je crois que c'est d'un mauvais enseignement.

Les marchands, dont je n'ai point ici à me faire l'avocat, mais qui sont trop souvent attaqués par ceux qui n'apprécient pas les services qu'ils rendent, jouent, dans le commerce des chevaux, un rôle bien plus considérable que celui qui a été signalé dans les lignes qui précèdent. C'est dans les grands pays de production surtout que leur intervention est appréciée à sa juste valeur : car ils sont les agents sans lesquels il serait impossible de rapprocher la consommation de la production. Mais dans la question du cheval de remonte, le marchand apparaît aussi vers la fin de l'automne, alors que l'éleveur est bien aise de trouver un moyen de ne pas hiverner ses animaux. Il s'en charge, et quand, quelques mois plus tard, il les offre aux Commissions, ils ont gagné en valeur, par le bon régime auquel ils ont été soumis et le semblant de dressage qu'ils avaient commencé à subir.

Il arrive aussi que les tournées des Commissions sont fort éloignées les unes des autres : aussi ne coïncident-elles pas toujours avec le bon état des animaux et les dispositions pressantes des propriétaires à s'en défaire. En ces circonstances encore, le marchand rend des services incontestables en débarrassant l'éleveur.

9 782014 510478